ANNA GRUNDULS DESIGN
ANNA GRUNDULS . COM

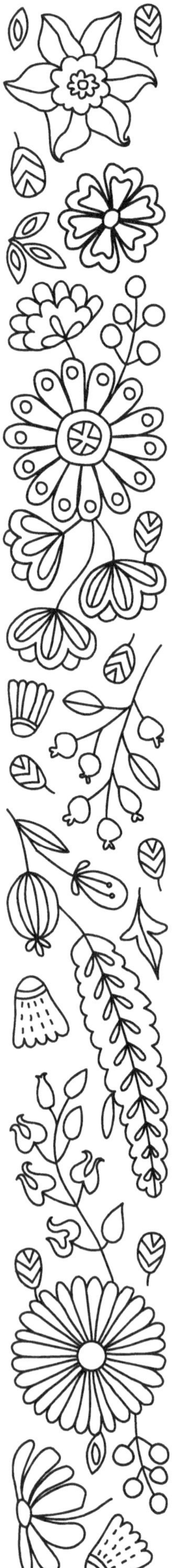

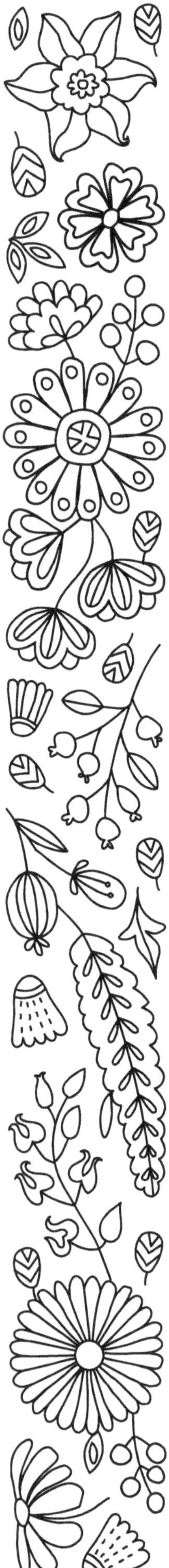

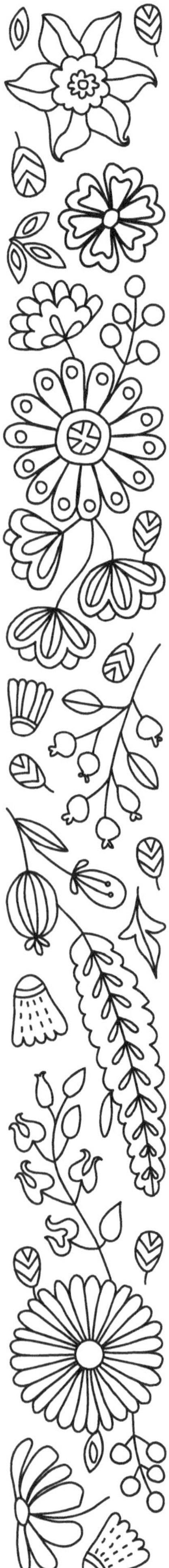

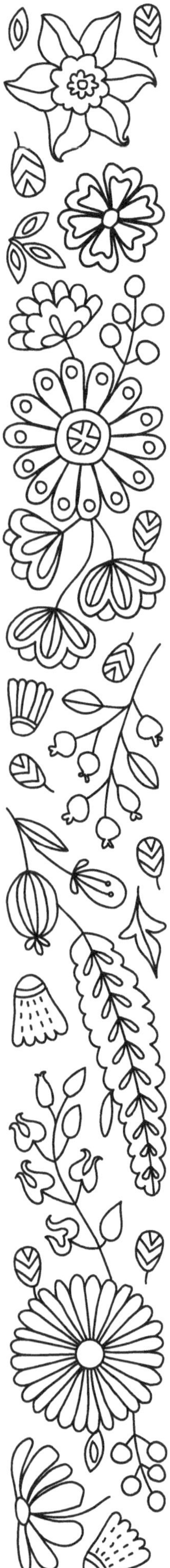

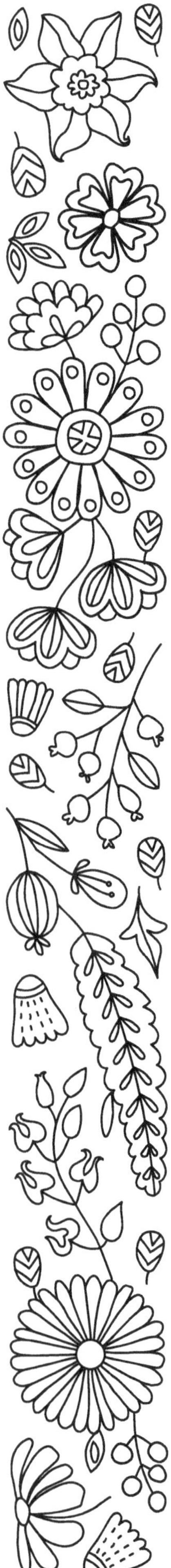

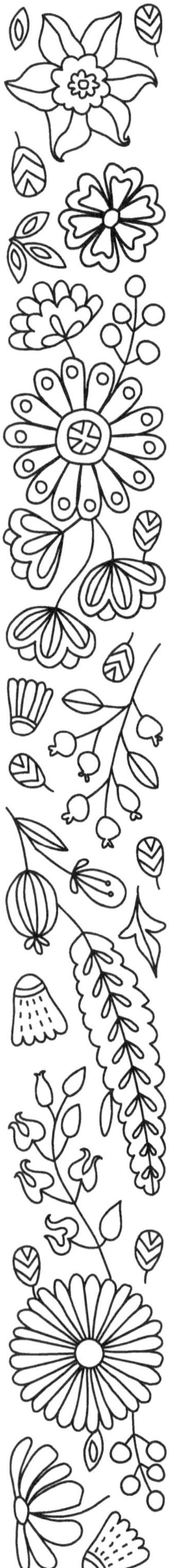

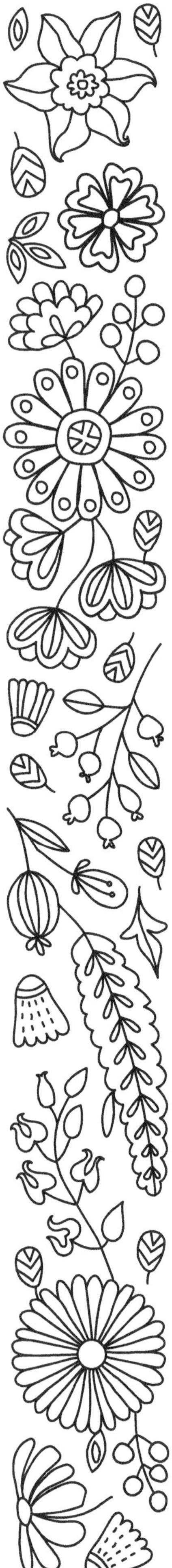

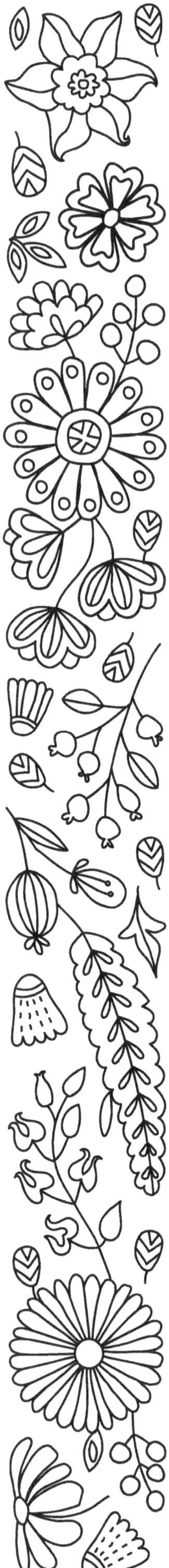

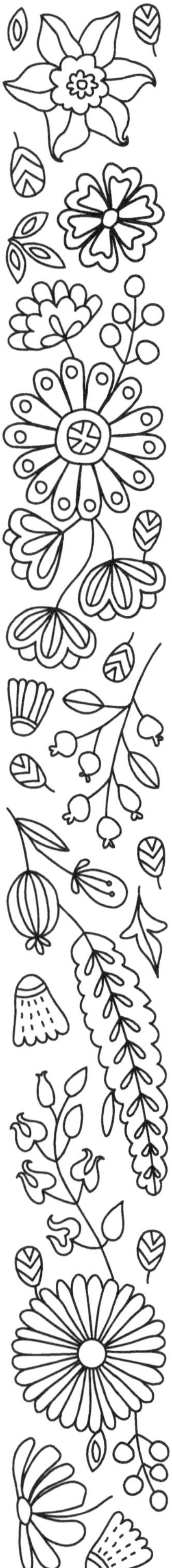

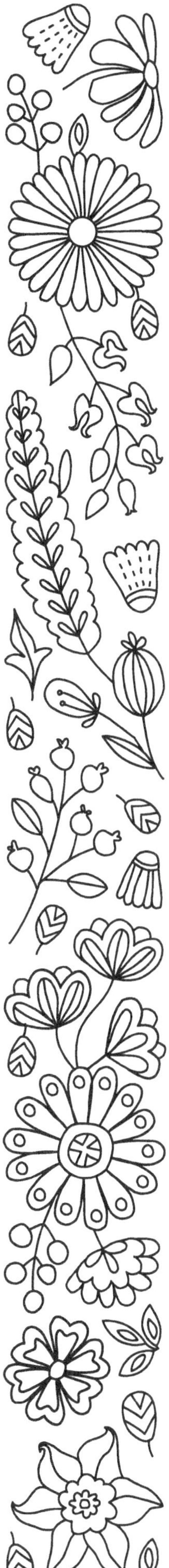

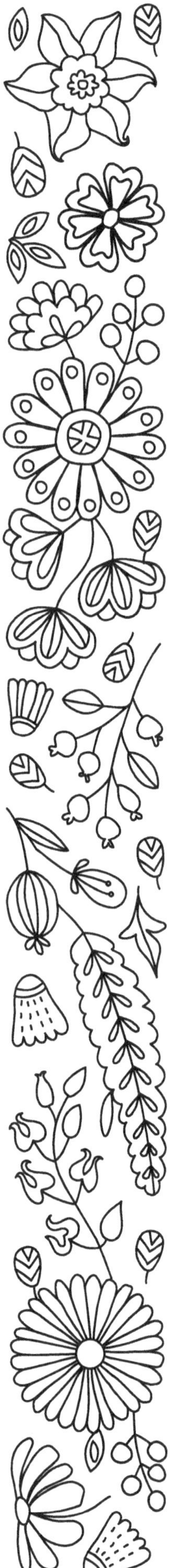

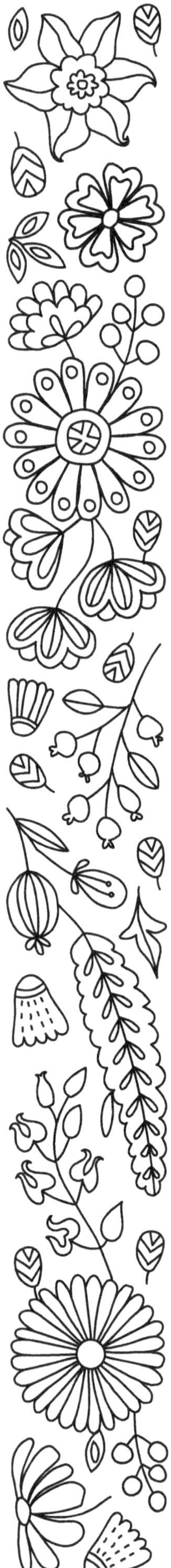

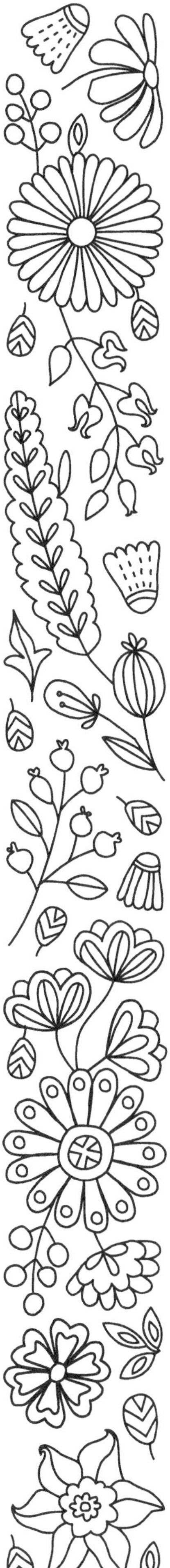

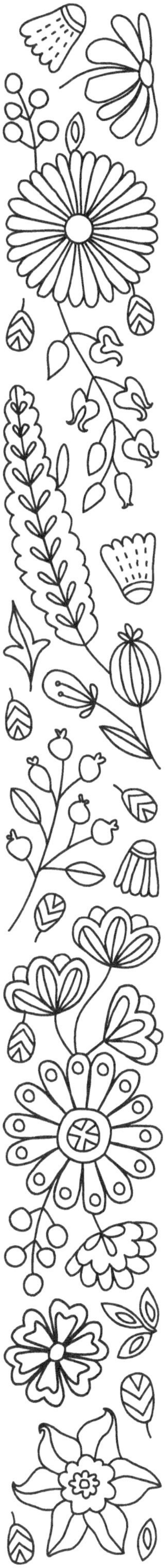

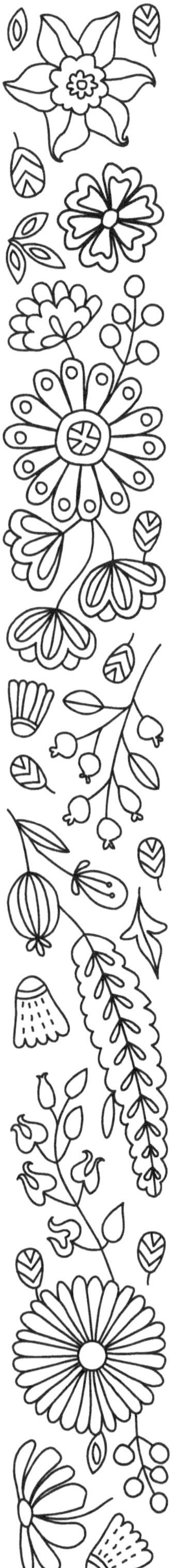

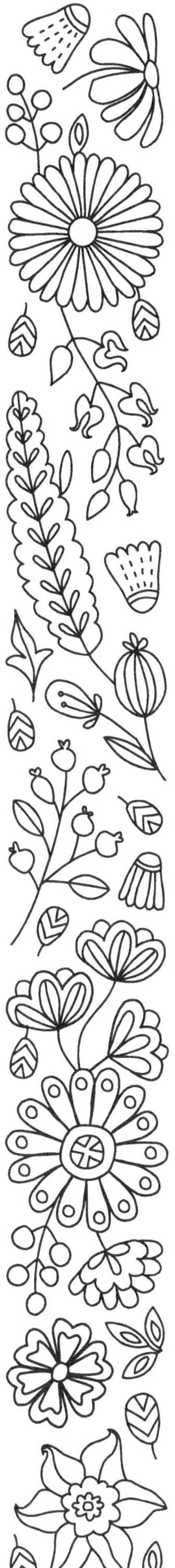

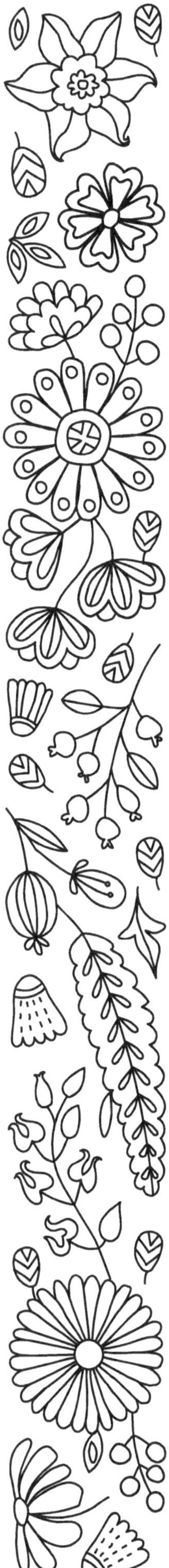

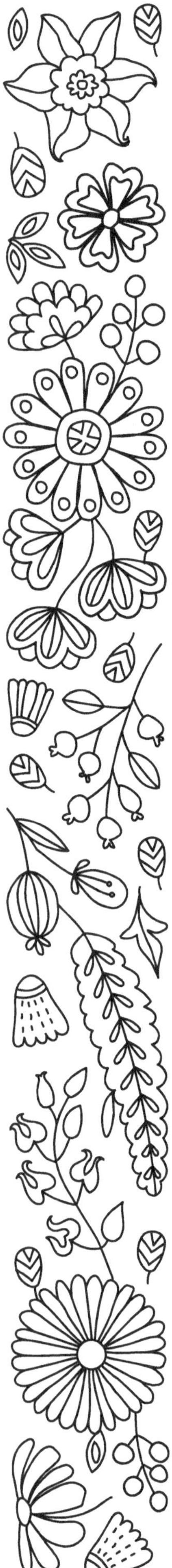

www.ingramcontent.com/pod-product-compliance
Lightning Source LLC
Chambersburg PA
CBHW081010170526
45158CB00010B/2991
* 9 7 8 1 0 9 0 9 4 2 4 3 2 *